女子美髮乙級術科

證照考試指南

黃振生 編著

自序

　　一般考生總認為乙級技術檢定考是很難考取的，其實它並不困難，而是有無投入、認真與明確的學習技巧。有鑑於此，筆者繼《女子美髮丙級術科證照考試指南》一書後，再著手計畫《女子美髮乙級術科證照考試指南》一書，提供考生應試時做為參考。

　　乙級試題內容雖非現場工作所能運用，但它卻是需要有紮實的技術才能熟能生巧，做出符合題型之完美作品。

　　為了使考生對美髮技術能更清晰、明瞭，本書除了有詳盡的細部操作解說外，更精心製作VCD、錄影帶，做為考生靜、動之參考。

　　本書得以出版，感謝揚智文化事業股份有限公司葉忠賢總經理、林新倫副總經理，另外還有賴筱彌協理、范維君小姐在攝影期間鼎力協助，以及攝影師李永剛、余衍的幫忙，才能讓本書順利出版，謹此致上最誠摯的謝意。

　　本書若有疏漏之處，尚請不吝指正。

黃振生　謹識

如何使用本書

　　當您要應試前，請先詳閱本書考試流程與注意事項，最重要的是，您必須要有決心、毅力，並有持之以恒的準備，如此方能順利考取。

　　除了本書之詳解外，另有VCD、錄影帶，讓您更清楚完整的操作過程。以下幾點建議可使您在使用本書時更能得心應手：

1. 瞭解試題與重點說明。
2. 先參考書中試題步驟，再看VCD的操作過程。
3. 每次只能看一題，並且馬上操作。
4. 操作時，請配合書本內容逐項操作。
5. 操作一題後，請重複做一至二次，以增加記憶度與熟練度。
6. 不可操之過急，務必熟悉題型之方向、長度。

目錄

■ 試題使用說明

一、女子美髮乙級技術士技能檢定術科測驗分美髮技能實作測驗和衛生技能
實作測驗,測驗試題採考前公開方式,並於報名手續完成後,在術科測
驗一個月前,由各術科測驗承辦單位寄交應檢人。

二、美髮技能實作測試分三個試場進行,計有六項,各項主題、預設的試題
數、試場、應檢人數及實作時間如下:

測　驗　項　目	試 題 數	試　　場	應檢人數	實作時間
一　　剪　　髮				30分
二　　燙　　髮	6	第一 第二	20	80分
三　　成　　型				30分
四　　包頭梳理	4			30分
五　　整　　髮	6	第三	20	30分
六　　染　　髮	1			40分

應檢人均須做完每一項測驗,第一、四、五項測驗開始前,由控場評審
指定應檢人代表公開抽出其中一項實施測驗,第六項即依預設試題實施
測驗。

三、衛生技能測驗計有三項,每一應檢人均須做完每一項測驗。

測　驗　項　目	方　　法	試　場	應檢人數	實作時間
一　化妝品安全衛生之辨識	書面回答			4分
二　消毒液和消毒方法之辨識與操作	操作與口述	第四	20	12分
三　洗手與手部消毒操作	操　　作			4分

四、美髮技能實作測驗時間計6小時(包括評分時間),衛生技能實作測驗
時間約為2小時(全體應檢人測驗完畢時間)。

■ 應檢人須知

一、女子美髮乙級技術士技能檢定術科測驗應檢人應於測驗開始前30分鐘辦妥報到手續。

　　（一）攜帶身分證、准考證及術科測驗通知單。

　　（二）領取術科測驗號碼牌，佩帶在工作服左上方。

二、應檢人服裝儀容應整齊，術科測驗時穿著符合規定的工作服，佩帶術科測驗號碼牌；長髮應梳理整潔並紮妥；不得佩帶會干擾美髮工作進行的珠寶及飾物。

三、美髮技能實作、試題數和實作時間，及衛生技能測驗項目、方法和實作時間詳見「女子美髮乙級技術士技能檢定術科測驗試題使用說明」，應檢人應參加兩類九項技能的實作測驗。

四、術科測驗分三個試場進行。美髮技能實作測驗分別在第一、二試場，進行剪、燙、成型，第三試場進行包、整、染，衛生技能實作測驗即在第四試場進行。各試場測驗項目與時間，乃依各承辦單位當天應檢人數而略有不同，詳見「女子美髮乙級技術士技能檢定測驗試場及時間分配表」。

五、測驗前的檢查：應檢人應於入場時接受下列各項檢查：

　　（一）准考證及測驗號碼。

　　（二）假人頭：數量、規格是否符合規定，若不符合規定者准予更換。事先在頭皮上做記號或修剪頭髮者，則該項測驗不予計分。

　　（三）自備用具：不符合規定者不得攜帶入場，或放置在試場鄰近處。

六、美髮實作測驗試題抽籤：

　　（一）剪、燙、成型試題：應檢生進場後由控場評審指定一應檢生，從抽籤設施中抽取一個號碼作為本試題號碼，再進行測驗。

　　（二）包頭梳理試題：開始前仍由控場評審指定一應檢生抽出一個號碼作為試題號碼，再進行測驗。

　　（三）整髮試題：同前。

七、美髮技能各項實作測驗的注意事項如下：

試　　場	項　　　　目		說　　　　　　　　　　　　　　　　明
第一、二	一	剪　髮	剪髮長度應依規定。
	二	燙　髮	燙前填寫「燙髮自填表」，填寫後不得修改。
	三	成　型	成型髮型自由設計。
第三	四	包頭梳理	髮筒預先捲好吹乾，等監評人員檢查後始能操作。
	五	整　髮	髮夾限用傳統髮夾，頭髮不得預先噴濕。
	六	染　髮	事先依規定漂淡A、B、C三區，於實作測驗時再染A、B、C三區。 染前填寫「染髮自填表」，填寫後不得修改。 染劑限用永久性染劑。

八、測驗時間開始後15分鐘，即不得進場應檢，該項成績為0分。

九、各試場的控場監評人員於術科測驗開始時解說試題及注意事項。應檢人若有疑問，應在規定時間內就地舉手，待監評人員到達面前始得發問。

十、各測驗項目應於規定時間內完成，並依監評人員指示接受評審。各單項測驗不符合主題，或在規定時間內未完成者，依規定扣分或不予計分。

十一、術科測驗成績計算方法如下：

　　（一）美髮技能：共有六項測驗：

　　　　1.第一、二試場及第三試場各進行三項測驗，由該試場全體監評人員給予評分。

　　　　2.每一單項實作成績均以100分為滿分。各項測驗結果應符合主題，並於規定時間內完成方得依評分內容給予評分。

　　　　3.各項成績平均皆須達到50分（含），不得四捨五入，每一項平均成績計算至小數第一位。若有任何一項未達到平均50分（含），則其美髮技能實作總評為不及格。

　　　　4.六項檢定項目平均總計360分（含），總平均60分（含）以上

者 美髮技能實作總評為及格。若總平均未達60分，則美髮技能實作總評為不及格。

（二）衛生技能：共有三項測驗，總分60分（含）以上者為及格，未達60分即為不及格。

（三）美髮技能及衛生技能兩項實作測驗總評均為及格者，其術科測驗總評才算及格，其中若有任何一項不及格，則術科測驗總評為不及格。

十二、應檢人於測驗中不得高聲談論、窺視他人操作、故意讓人窺視其操作或未經許可任意走動。若因故須離開試場時，須經負責監控人員核准，並派員陪同始可離開，但時間不可超過10分鐘，並不予折計。

十三、應檢人所帶器材均應合法，否則相關項目的成績不予計分。對於器材操作應注意安全，如因操作失誤而發生意外，應自負責任。

十四、應檢人如有嚴重違規或危險動作等情事，經監評人員議決並作成事實記錄，得取消其應檢資格。

十五、測驗時間開始或結束，悉聽監評人員之口頭通知，不得自行提前或延後。

十六、應檢人除遵守本須知所訂事項以外，應隨時注意承辦單位或評審長臨時通知的事宜。

十七、技能檢定學科成績及術科成績均及格者為合格。學科成績或術科成積之一及格者，其成績均得保留三年。

■ 應檢人自備工具表

壹 共同工具

名　　　　　　　　稱	數　　　量
頭殼、腳架	1 組
尖尾梳	1 支
毛巾	10 條
白色圍巾	1 條
白色工作服	1 件
吹風機	1 支
潤絲精	1 瓶
黑色小髮夾	1 包

※ 共同工具表示可重複使用。

貳 剪、燙、成型工具

名　　　　稱	數　　　量
頭皮（未修剪過、頸背長度25公分以上）	1 頂
剪刀	1 支
剪髮梳（有公分記號）	1 支
鴨咀夾	5 支
水槍	1 支
冷燙捲棒3、4、5、6、7號	各25支
橡皮筋（紅）	1 包
冷燙紙	1 包
冷燙藥水（須合格）	1 組
冷燙帽	1 頂
棉條	2 條
挑棒	若干
排骨梳	1 支
圓梳（中、小）	各 1 支
大板梳	1 支
定型液（需合格）	1 瓶

◎ 共同工具：毛巾3條、白色圍巾、吹風機、尖尾梳、頭殼、腳架、潤絲精

參 染髮工具

名　　　　　　稱	數　　量
頭皮（預先漂染三區，長度12公分、寬4公分、厚2公分）	1 頂
染膏（需合格）	3 條
雙氧水（需合格）	若干
染碗、刷	3 組
手套	1 雙
錫箔紙（先裁好）	9 張
黑色圍巾	1 條
黑色工作服	1 件
塑膠鴨咀夾	1 支

◎ 共同工具：毛巾2條、吹風機、潤絲精、圓梳、頭殼、腳架

肆 整髮工具

名　　　　　　稱	數　　　量
頭皮（彈性燙，等長15-16公分）	1 頂
髮膠（需合格）	1 瓶
指推梳	1 支

◎ 共同工具：毛巾2條、尖尾梳、白色圍巾、腳架、黑色小髮夾

伍 包頭梳理工具

名　　　　　稱	數　　　量
頭皮（先上髮筒吹乾）	1 頂
刮梳	1 支
鬃梳	1 支
包頭用鴨咀夾	10 支
髮麗香（需合格）	1 瓶
U 型夾	若干

◎ 共同工具：毛巾1條、白色圍巾、黑色小髮夾、吹風機、圓梳（排骨梳）、腳架

美髮技能

剪燙成型試題

燙·髮·自·填·表

准考證號碼 _____ 檢定日期：___年___月___日

燙 髮 效 果

鬡曲度強
    ☐ 前頭部／頂部
    ☐ 右側　☐ 左側
    ☐ 後頭部

鬡曲度中
    ☐ 前頭部／頂部
    ☐ 右側　☐ 左側
    ☐ 後頭部

鬡曲度弱
    ☐ 前頭部／頂部
    ☐ 右側　☐ 左側
    ☐ 後頭部

註：燙髮實作測驗之前以原子筆填妥，交件後再開始操作。

■ 美髮技能—剪、燙、成型試題（一）

第一題：等長與低層次的綜合髮型

檢定時間：剪髮30分鐘，燙髮80分鐘，成型30分鐘。

說　　明：

（一）剪髮如圖所示。

　　　耳上水平線以上為等長，耳上水平線以下為低層次。

（二）捲棒排列、燙髮捲度及吹風造型均可自由設計。

（三）燙髮實作測驗開始前，提交「燙髮自填表」，燙髮捲度須符合「燙
　　　髮自填表」的捲度。

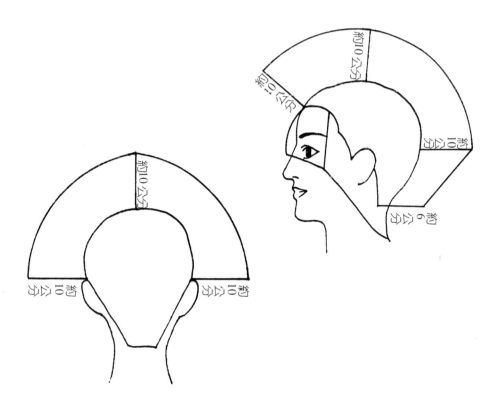

剪、燙、成型(一)

■ 操作步驟

■ 隨髮緣分出約1公分髮片。

■ 定頸背點長度6公分與耳上點10公分。

■ 與耳上點連接裁剪,外型成橢圓型。

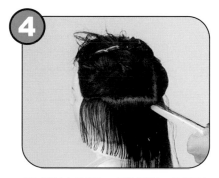

■ 分出水平線、定後腦點,長度10公分。

■ 操作步驟

■ 與耳上點10公分連接。

■ 1.分垂直分線由前往後。
　2.連接裁剪10公分與6公分。

■ 下半部裁剪完成。

■ 分出二側之前側點一層瀏海。

■ 定中心點長度10公分。

■ 再集中扭轉裁剪。

■ 修飾橢圓型瀏海。

■ 再分出臉際一層髮片,由瀏海連
接至側角點。

■ 定頭頂點長度10公分。

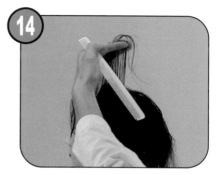

■ 與中心點10公分連接,角度 90˚。

■ 再連接下基準線10公分, 角度90˚。

■ 由後部以垂直分線裁剪連接。

■ 連接至前部後，再由前部檢查至
　後部。

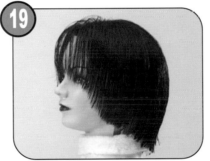

■ 剪髮完成圖（正面）。

■ 剪髮完成圖（側面）。

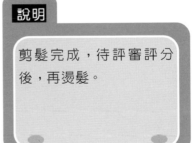

■ 剪髮完成圖（後面）。

說明

剪髮完成，待評審評分
後，再燙髮。

■ 燙髮上捲排列可自行設計。

■ 1.上第1劑。
　 2.均勻上藥水以免產生捲度不均
　　 的情形。

■ 1.覆蓋冷燙帽。
　 2.等待之時間可使用吹風機加熱。
　 3.注意時間之控制。

■ 1.試捲。
　 2.捲度需與燙髮表所填相同。

■ 上第2劑。

■ 拆捲、沖水。

■ 捲度完成圖。

說明

燙髮完成，待評審評分後，再整髮吹風。

■ 吹風完成圖（正面）。

■ 吹風完成圖（側面）。

■ 吹風完成圖（後面）。

■ 美髮技能─剪、燙、成型試題（二）

第二題：高層次與無層次的綜合髮型

檢定時間：剪髮30分鐘，燙髮80分鐘，成型30分鐘。

說　　明：

（一）剪髮如圖所示。

　　　後頸部呈水平直線，兩側層次順接。

（二）捲棒排列、燙髮捲度及吹風造型均可自由設計。

（三）燙髮實作測驗開始前，提交「燙髮自填表」，燙髮捲度須符合「燙髮
　　　自填表」的捲度。

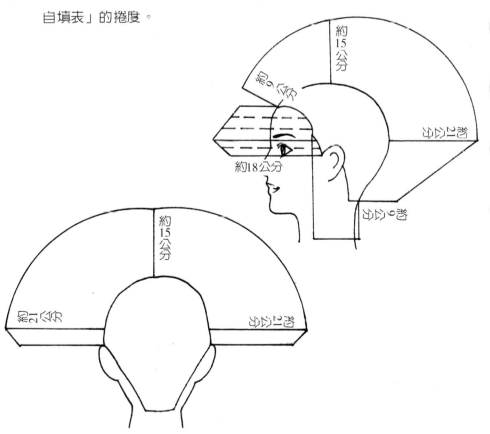

剪、燙、成型(二)

操作步驟

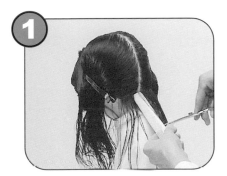

■分水平分線,定頸背點長度9公分。

■裁剪水平外型。

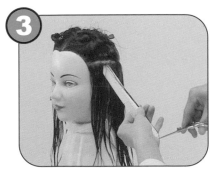

■1.由耳上點上方3公分處分水平分線。
　2.定長度21公分。

■裁剪水平外型。

■ 1.分垂直分線，由正中線開始，
　以21公分與9公分連接裁剪。
　2.角度不可傾斜，並往下拉，切
　口成內斜。

■ 後側線之髮片稍往後拉，以免產
　生缺角。

■ 1.由臉際分出一層髮片。
　2.定中心點長度9公分。

■ 1.以斜向裁剪與21公分連接。
　2.不可以連接至側角點，以免去
　角。

■ 定頭頂點長度15公分。

■ 往前拉與中心點9公分連接。

■ 21公分往上拉與15公分連接。

■ 再由後往前依基準線分放射分線
裁剪至側中線。

■ 側中線前部以垂直分線依基準線
裁剪。

■ 檢查層次之連接。

■剪髮完成圖（正面）。

■ 剪髮完成圖（側面）。

17

■ 剪髮完成圖（後面）。

說明

1. 剪髮完成，待評審評分後，再燙髮。
2. 燙髮操作過程請參照試題 (一)步驟21至26。

18

■ 捲度完成圖。

說明

燙髮完成，待評審評分後，再整髮吹風。

■吹風完成圖（正面）。

■吹風完成圖（側面）。

■吹風完成圖（後面）。

■ 美髮技能─剪、燙、成型試題（三）

第三題：長髮高層次髮型

檢定時間：剪髮30分鐘，燙髮80分鐘，成型30分鐘。

說　　明：

（一）剪髮如圖所示。

外輪廓上短下長，後頸部成橢圓型，前瀏海中分或側分均可，兩側等
長，耳下無缺角。

（二）捲棒排列、燙髮捲度及吹風造型均可自由設計。

（三）燙髮實作測驗開始前，提交「燙髮自填表」，燙髮捲度須符合「燙髮
自填表」的捲度。

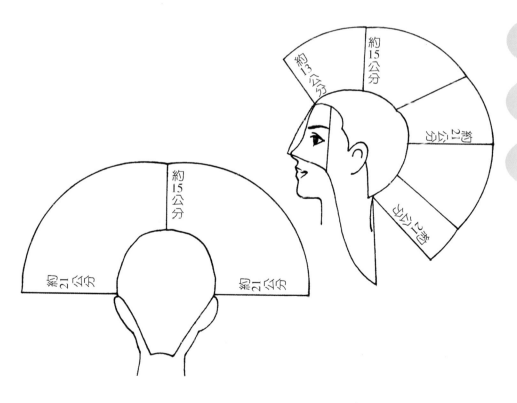

操作步驟

■ 1.分出髮緣1公分髮片。
　　2.定頸背點長度21公分。

■ 1.裁剪橢圓外型。
　　2.不可產生缺角。

■ 1.分出正斜分線至後腦點。
　　2.定後腦點與耳上點長度21公分。

■ 21公分與21公分連接，微往前拉。

5

■ 1.交叉檢查層次落差。
　 2.不可缺角。

6

■ 下半部裁剪完成。

7

■ 1.分出瀏海一層髮片。
　 2.定中心點13公分。

8

■ 以扭轉方式裁剪。

■ 修飾橢圓外型。

■ 1.臉際分出一層髮片。
　2.由前側點連接至側角點。

■ 定頭頂點,長度15公分。

■ 髮片往前拉與中心點13公分連接。

■ 再與後腦點21公分連接。

■ 分逆斜分線將髮片往上依基準線
　裁剪,直到剪不到為止。

■ 最後隨頭型將與後腦點連接處之
　髮角修圓。

■ 檢查各部長度與層次落差。

■ 剪髮完成圖（正面）。

■ 剪髮完成圖（側面）。

■ 剪髮完成圖（後面）。

說明

1. 剪髮完成，待評審評分後，再燙髮。
2. 燙髮操作過程請參照試題（一）步驟21至26。

■ 捲度完成圖。

說明

燙髮完成，待評審評分後，再整髮吹風。

■吹風完成圖（正面）。

■ 吹風完成圖（側面）。

■ 吹風完成圖（後面）。

■ 美髮技能─剪、燙、成型試題（四）

第四題：等長髮型

檢定時間：剪髮30分鐘，燙髮80分鐘，成型30分鐘。

說　　明：

（一）剪髮如圖所示。

　　　等長剪髮髮長均為約8公分左右。

（二）捲棒排列、燙髮捲度及吹風造型均可自由設計。

（三）燙髮實作測驗開始前，提交「燙髮自填表」，燙髮捲度須符合「燙髮
　　　自填表」的捲度。

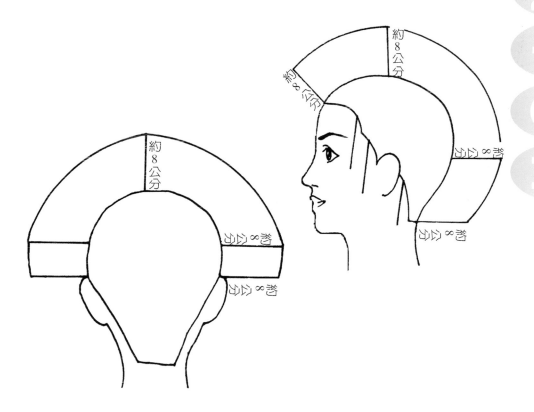

剪、燙、成型(四)

操作步驟

■ 由髮緣處分出一層髮片。

■ 1.約距3至4公分各定長度8公分。
  2.角度90度。
  3.再連接裁剪。

■ 1.外型輪廓完成。
  2.不可有缺角情形。

■ 頭頂點、黃金點、後腦點長度8
  公分。

■ 1.點與點連接裁剪。
　2.角度90˚。

■ 1.正中線基準線完成，再由臉際
　　分出一層髮片。
　2.以正中線之基準與髮緣之基準
　　連接。
　3.角度90˚。

■ 1.以垂直分線裁剪至側中線。
　2.角度90˚。

■ 1.側中線後部以放射分線裁剪。
　2.角度90˚。

■ 直剪橫查（交叉檢查法）。

剪、燙、成型(四)

■剪髮完成圖（正面）。

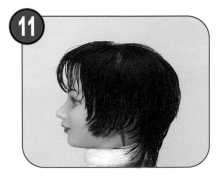

■剪髮完成圖（側面）。

■剪髮完成圖（後面）。

說明

1.剪髮完成後，待評審評
　分後，進行燙髮。
2.燙髮操作過程請參照試
　題（一）步驟21至26。

■捲度完成圖。

燙髮完成後，待評審評分後，再進行整髮吹風。

■ 吹風完成圖（正面）。

■ 吹風完成圖（側面）。

■ 吹風完成圖（後面）。

■ 美髮技能──剪、燙、成型試題（五）

第五題：中層次髮型

檢定時間：剪髮30分鐘，燙髮80分鐘，成型30分鐘。

說　　明：

（一）剪髮如圖所示。

　　　外輪廓成橢圓型。

（二）捲棒排列、燙髮捲度及吹風造型均可自由設計。

（三）燙髮實作測驗開始前，提交「燙髮自填表」，燙髮捲度須符合「燙髮自填表」的捲度。

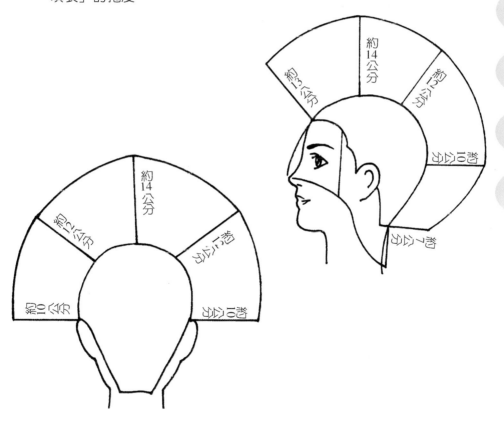

剪、燙、成型(五)

■ 操作步驟

■ 1.分出髮緣一層髮片。
　2.定頸背點長度7公分與耳上長度
　　10公分。

■ 1.外型連接裁剪。
　2.成橢圓型，不可產生缺角。

■ 1.分水平分線。
　2.定後腦點長度10公分。

■ 耳上點10公分與後腦點10公分連
　接裁剪。

■ 以垂直分線連接10公分與7公分。

■ 下半部裁剪完成。

■ 1.分出瀏海一層髮片。
　2.定中心點長度13公分。

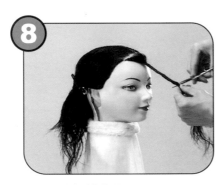

■ 1.集中扭轉裁剪。
　2.成橢圓外型。

■ 1.臉際分出一層髮片。
　2.再連接至側角點。

■ 1.定頭頂點長度14公分。
　2.與中心點13公分連接。

■ 1.定黃金點12公分。
　2.與頭頂點14公分連接。

■ 再與後腦點10公分連接。

■ 由後往前依正中線之基準線裁剪。

■ 後部分放射分線。

■ 前部分垂直分線。

■ 最後修飾檢查長度、層次落差。

■ 剪髮完成圖（正面）。

■ 剪髮完成圖（側面）。

■ 剪髮完成圖（後面）。

■ 捲度完成圖。

說明

燙髮完成後，待評審評分後，再整髮吹風。

■ 吹風完成圖（正面）。

■ 吹風完成圖（側面）。

■ 吹風完成圖（後面）。

■ 美髮技能─剪、燙、成型試題（六）

第六題：低層次髮型

檢定時間：剪髮30分鐘，燙髮80分鐘，成型30分鐘。

說　　明：

（一）剪髮如圖所示。

　　　　外輪廓成橢圓型。

（二）捲棒排列、燙髮捲度及吹風造型均可自由設計。

（三）燙髮實作測驗開始前，提交「燙髮自填表」，燙髮捲度須符合「燙髮自填表」的捲度。

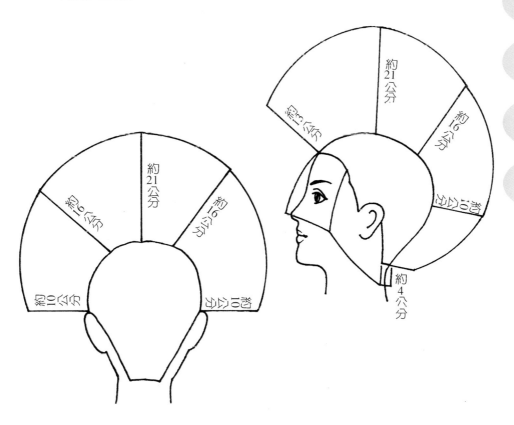

■ 操作步驟

■ 1.隨緣分出一層髮片。
　2.定頸背點長度4公分。

■ 外型為橢圓型。

■ 分耳上點至後腦點成水平線，定
　長度10公分。

■ 連接成一直線。

■ 以垂直分線由10公分連接至4公分。

■ 下半部裁剪完成。

■ 分水平分線，每層約1.5公分髮片
　，角度45°，依基準線裁剪。

■ 裁剪至黃金點。

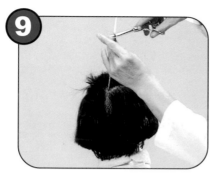

■ 定黃金點長度16公分。

■ 1.拉高去角連接。
　2.由後往前剪。

■ 定中心點長度13公分。

■ 集中扭轉形成橢圓外型。

■ 再連接至側角點。

■ 再將所有髮片往前拉剪。

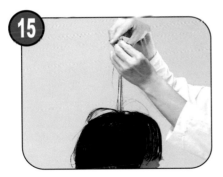

■ 定頭頂點長度21公分。

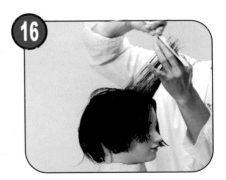

■ 與中心點13公分連接。

■ 髮片往下拉高與黃金點16公分連接。

■ 再分垂直分線由後往前連接裁剪。

■ 檢查頭髮之層次落差與長度。

■ 剪髮完成圖（正面）。

■ 剪髮完成圖（側面）。

■ 剪髮完成圖（後面）。

說明

1.剪髮完成後，待評審評
　分後，進行燙髮。
2.燙髮操作過程請參照試
　題（一）步驟21至26。

■ 捲度完成圖。

說明

燙髮完成後,待評審評分後,再進行整髮吹風。

■ 吹風完成圖（正面）。

■ 吹風完成圖（側面）。

■ 吹風完成圖（後面）。

染髮試題

■ 美髮技能─染髮試題

檢定時間：40分鐘

說　　明：

（一）操作前：

    1.應檢生須穿著深色工作服並戴染髮用手套操作。

    2.染髮操作前應比照真人，假人頭上先圍上染髮用圍巾。

    3.注意環境整潔，不可污染工作檯、設備及地面。

    4.將所要染的色彩於操作前先填於「染髮自填表」上交件，以供評審的
      依據。

（二）染髮：

    1.染劑限用永久性染劑，但不得使用黑色。

    2.如圖所示分別在A、B、C三區髮片染上三種不同的色彩。

    3.假髮長度約12公分，每區寬約4公分，高約2公分。

    4.每一髮片都必須染上色彩，包含兩側鬢角，不可僅去色而不染色。

    5.染後沖洗乾淨，並吹乾。

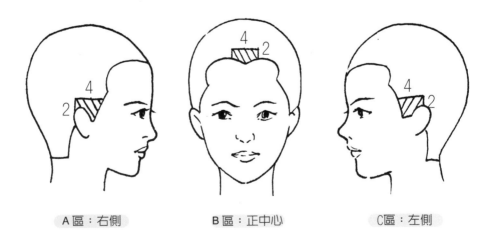

A區：右側　　　　　　　B區：正中心　　　　　　　C區：左側

染 髮 自 填 表

術科准考證號碼 ＿＿＿＿＿＿＿＿＿＿＿＿＿＿ 檢定日期：＿＿年＿＿月＿＿日

染 後 色 彩

A區：右側	B區：正中心	C區：左側

預先漂染處理

考生在考前需先做頭髮之漂染、顏色須均勻、以利上色。

■ 留出前、左、右側之長度12公分
、寬度4公分、厚度2公分之髮片。

■ 將髮束平均分出二層。

■ 以錫箔紙襯底,將漂粉由上而下
均勻塗抹後並覆蓋。

■ 完成圖。

■ 漂染完成圖。

染 髮 試 題

注意事項：

1.選擇之顏色不可太誇張。

2.染後髮片要有亮度。

3.染後顏色均勻 。

4.染後顏色需與自填表之顏色相符。

操作步驟

■ 1.由A區右側開始操作。
　 2.分上、下二層。

■ 1.以錫箔紙襯底，染料由髮根塗
　　抹至髮尾。
　 2.髮根處不可留白。

■ 染料需均勻色彩才能均勻。

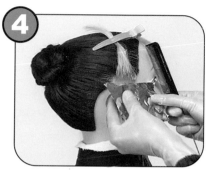

■ 覆蓋錫箔紙。

■ B區、正中心操作方式相同。

■ C區左側亦相同操作方式。

■ 1.等待過色的過程中可使用吹風
　機加熱，以加速過色時間。
　2.過色後即可沖水。

■ 以吹風機、梳子將染後的髮片吹
亮。

■ A區右側完成圖。

■ B區正中心完成圖。

■ C區左側完成圖。

整髮試題

整髮試題

指 推 波 紋 技 巧

指推波紋是利用手指與工具的配合，形成波峰與波谷之波紋、整體需均勻光滑、服貼。

操作步驟

■ 先梳出C的方向。

■ 梳齒稍往前往上推，食指與中指夾住波峰。

■ 梳子將髮片梳向另一方向。

■ 完成圖。

夾 捲 技 巧—平 捲

　　平捲是髮圈平貼著頭皮、以髮夾固定，操作時髮圈大小需相同，且重疊
1/3。

方　　　向

■ 順時針

■ 逆時針

操作步驟

■ 1.髮片順著方向梳順後，挑出約
　　1.5公分的髮幹。
　　2.只挑表面髮片。

■ 不可提昇角度，梳順髮幹以拇指
　壓住底部。

■ 將髮幹轉成圓環。

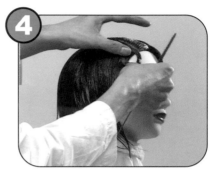

■ 髮尾平貼於髮幹上。

■ 以髮夾夾於底部。

■ 第二捲以上每捲重疊1/3。

■ 完成圖。

夾 捲 技 巧―抬 高 捲

　　抬高捲是將髮束提高90°，以直立方式之髮圈捲之，再以髮夾固定，操作時髮圈大小需相同，且重疊1/3。

底盤種類

■ 正方形

■ 長方形

■ 弧形

■ 三角形

方　向

■ 順時針

■ 逆時針

操作步驟

■ 1.分出底盤分線形狀。
　 2.厚度1.5公分。

■ 1.髮片由髮根至髮尾完全梳順。
　 2.角度90°往右（左）拉。

■ 將髮片壓扁，以右（左）食指與
  大拇指固定髮片往上（下）拉即
  成圓環。

■ 放置髮圈時不可高過分線或低於
  分線。

■ 1.從髮夾由髮根固定。
  2.髮夾需整齊美觀。

■ 順時針完成圖。

■ 逆時針完成圖。

■ 美髮技能─整髮試題（一）

第一題：指推波紋與夾捲

檢定時間：30分鐘

說　　明：

（一）如圖所示，採不分線，整體由七層波紋構成。

（二）隔層操作指推波紋與夾捲（finger wave and pin curl）。

（三）第一、三、五層為指推波紋，波紋寬約4.5公分。

（四）第二、四、六、七層夾捲為平捲（flat curl），捲數不拘，每一髮片寬
　　　不超過1.5公分。

（五）使用傳統式黑色髮夾，每排髮夾方向應相同，左右不拘。

整 髮 (一)

■ 操作步驟

■ 第一層指推不分線約在眉尾處、
　由左向右梳出 C 型。

■ 1.食指與中指夾住波峰,由右邊
　　開始操作。
　2.注意頭頂方向連接。

■ 1.第二層平捲由左邊開始操作。
　2.挑出表面髮幹約1.5公分。

■ 1.順時針方向將髮幹轉成圓環。
　2.不可抬高角度,且平貼於波峰
　　下方。

■ 完成後以髮夾由左而右固定。

■ 1.髮圈需重疊1/3。
　2.由相同方式操作至右邊。

■ 右邊需突出於額部。

■ 第三層指推由右邊開始操作。

■ 先梳出 C 型再推出波峰。

■ 1.至左邊之C型需突出於臉部。
　2.位置在耳上。

■ 第四層平捲由左向右以順時針操
　作。

■ 第五層指推由右邊開始操作。

■ 先梳出C型再推出波峰。

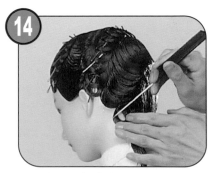

■ 第六層平捲由左至右操作。

■ 第七層平捲由右至左操作。

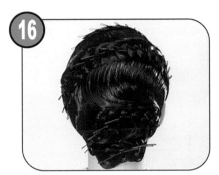

■ 完成圖（後面）。

■ 完成圖（左側）。

■ 完成圖（右側）。

■ 完成圖（正面）。

■ 美髮技能—整髮試題（二）

第二題：指推波紋與夾捲

檢定時間：30分鐘

說　　明：

（一）如圖所示，採不分線，整體由七層波紋構成。

（二）第一、二、六、七層夾捲為平捲（flat curl），捲數不拘，每一髮片寬
　　　不超過1.5公分。

（三）第三、四、五層為指推波紋，波紋寬約4.5公分。

（四）使用傳統式黑色髮夾，每排髮夾方向應相同，左右不拘。

女子美髮乙級術科證照考試指南-**87**

操作步驟

■ 第一層不分線，約在眉中由左至右梳出C型。

■ 以逆時針方向，由右向左操作平捲。

■ 髮夾由右向左固定。

■ 髮圈排列順著C型方向。

■ 第二層先將頭髮梳順,並梳成C
型。

■ 1.平捲由左向右操作。
 2.位置與第一層平齊。
 3.不可看到分線。

■ 第三層指推由右向左操作。

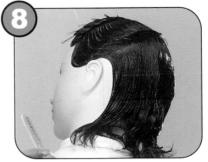

■ 左邊需突出於臉部,且在耳上。

■ 第四層指推由左向右操作。

■ 右邊需突出於臉部，且在耳上。

■ 第五層指推由右向左操作。

■ 第六層平捲由左向右操作。

■ 第七層平捲由右向左操作。

■ 完成圖（後面）。

■ 完成圖（左側）。

■ 完成圖（右側）。

■ 完成圖（正面）。

■ 美髮技能─整髮試題（三）

第三題：指推波紋與夾捲

檢定時間：30分鐘

說　　明：

（一）如圖所示，採右側分線（7：3分線）由七層波紋構成。

（二）耳上四層夾捲為平捲，捲數不拘，每一髮片寬不超過1.5公分。

（三）耳下部分三層為指推波紋，波紋寬約4.5公分。

（四）使用傳統式黑色髮夾，每排髮夾方向應相同，左右不拘。

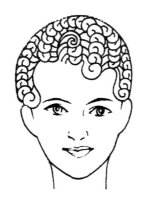

■操作步驟

■分出右側分線（7：3）。

■第一層平捲先將頭髮梳成C型。

■以順時針方向由前往後操作。

■第二層頭髮順著頭型梳成C型。

■ 第二層平捲以逆時針方向，由右向左操作。

■ 左邊平捲須突出臉部。

■ 第三層平捲以順時針由左向右操作。

■ 排列須順著頭型，以免產生不均情形。

■ 右邊平捲須突出臉部。

■ 第四層平捲以逆時針由右向左操作。

■ 第五層指推由左向右操作。

■ 第六層指推由右向左操作。

■ 第七層指推由左向右操作。

■ 第七層以下髮尾成圓圈狀。

■ 完成圖（正面）。

■ 完成圖（右側）。

■ 完成圖（左側）。

■ 完成圖（後面）。

■ 美髮技能──整髮試題（四）

第四題：指推波紋與夾捲

檢定時間：30分鐘

說　　明：

（一）如圖所示，採不分線，整體由七層波紋構成。

（二）右側耳上方四層為指推波紋，波紋寬約4.5公分。

（三）左側耳上方側中線前為二層平捲（捲數不拘），每一髮片寬不得超過
　　　1.5公分。

（四）後頭部下半部，三層夾捲，捲數不拘。

　　　第一層為平捲。

　　　第二、三層為抬高捲（lift curl）抬高角度45°以上、90°以下。

（五）使用傳統式黑色髮夾，每排髮夾方向應相同，左右不拘。

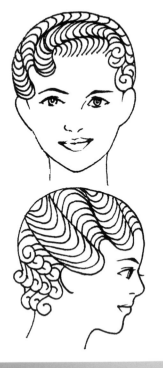

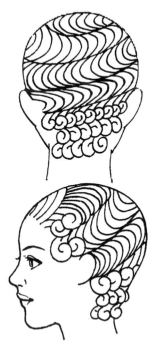

整 髮 (四)

■ 操作步驟

■ 第一層指推不分線由左向右梳出
　 C型。

■ 由右邊推出波峰。

■ 注意頂部C型的走向。

■ 1.第二層左邊二捲平捲。
　 2.以順時針方向操作。

■ 平捲完成後，再推出波峰。

■ 右邊波峰需突出於臉部。

■ 第三層指推由右向左操作。

■ 至左邊留下約3公分操作平捲。

■ 由右向左逆時針排列平捲二捲。

■ 第四層指推由左向右操作。

■ 右邊波峰需突出於臉部，且在耳
上。

■ 第五層平捲由右向左操作。

■ 第六層抬高捲由右向左順時針操
　作。

■ 第七層抬高捲由左向右逆時針操
　作。

■ 完成圖（後面）。

■ 完成圖（左側）。

■ 完成圖（右側）。

■ 完成圖（正面）。

■ 美髮技能──整髮試題（五）

第五題：指推波紋與夾捲

檢定時間：30分鐘

說　明：

（一）如圖所示，採右側分線（7：3分線），整體由七層波紋構成。

（二）第一至第五層為指推波紋，波紋寬約4.5公分。

（三）第六至第七層夾捲為平捲，捲數不拘，每一髮片寬不得超過1.5公分。

（四）使用傳統式黑色髮夾，每排髮夾方向應相同，左右不拘。

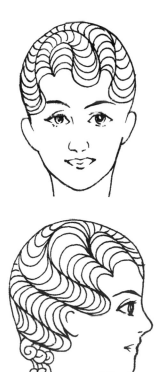

整 髮（五）

■ 以右側分線（7：3）約在眉尾處。

■ 第一層指推由左向右推出波峰。

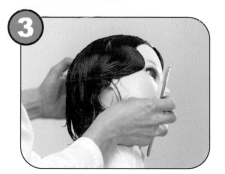

■ 第二層指推先梳出C型，再由右
向左推出波峰且突出於臉部。

■ 注意髮向與波峰的連接。

■ 第三層指推由左向右且突出於臉部。

■ 第四層指推由右向左操作。

■ 第五層指推由左向右推出波峰。

■ 第六層平捲由右向左逆時針操作。

■ 第七層平捲由左向右順時針操作。

■ 完成圖（後面）。

■ 完成圖（左側）。

■ 完成圖（右側）。

■ 完成圖（正面）。

■ 美髮技能─整髮試題（六）

第六題：指推波紋與夾捲

檢定時間：30分鐘

說　　明：

（一）如圖所示，採不分線，整體由七層波紋構成。

（二）耳上四層夾捲為抬高捲（lift curl）抬高角度45°以上、90°以下，捲數不拘，每一髮片寬不超過1.5公分。

（三）耳下二層為指推波紋，波紋寬約4.5公分。

（四）第七層夾捲為平捲（flat curl），捲數不拘。

（五）使用傳統式黑色髮夾，每排髮夾方向應相同，左右不拘。

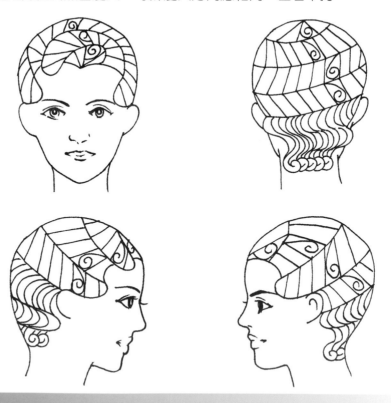

女子美髮乙級術科證照考試指南-111

整髮 （六）

操作步驟

■ 第一層抬高捲，分出二邊之眉中
呈三角形（右小、左大）。

■ 髮片約1.5公分，提高90°，由左邊
開始操作。

■ 以逆時針方向操作。

■ 第一層完成圖。

■ 第二層抬高捲，先將欲操作之部
　分分好。

■ 由右向左順時針操作。

■ 第二層完成圖。

■ 第三層抬高捲，先將欲操作之部
　分分好。

■ 由左向右逆時針操作。

■ 第三層完成圖。

■ 第四層抬高捲,由右向左順時針
操作。

■ 第一～四層完成圖。

■ 第五層指推由右向左推出波峰。

■ 第六層指推由左向右推出波峰。

■ 第七層平捲，由右向左逆時針操
　作。

■ 完成圖（後面）。

■完成圖（左側）。

■完成圖（右側）。

■完成圖（正面）。

包頭梳理試題

■ 美髮技能──包頭梳理試題（一）

檢定時間：30分鐘

說　　明：

（一）髮筒在家捲好吹乾不可拆掉，等評審委員檢查後，始能開始操作。

（二）左側分線，左右耳朵露出一半。

（三）後下半部髮尾梳至後中間包起來。

（四）後頭部至頂部梳四束波紋花，髮夾須隱密。

（五）前面頭髮逆梳，角度保留約5～6公分高外翻立體的波紋。

包頭梳理（一）

操作步驟

■ 髮筒預先捲好吹乾。

■ 分出左側分線（7：3）。

■ 由分線至右眉峰處分出半圓型為
　第一區。

■ 再由眉峰處取半圓型至黃金點為
　第二區。

■ 由左側開始以逆梳操作至正中線。

■ 右側操作方式亦相同。

■ 先將左側頭髮表面梳亮。
　需蓋住耳朵一半。

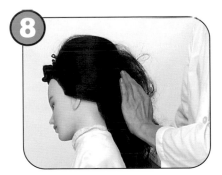

■ 梳至正中線以手將頭髮固定。

■ 髮夾由下往上以交叉方式固定。

■ 1.至上方以回夾方式，使頭髮更
　　牢定。
　 2.髮夾不可歪斜。

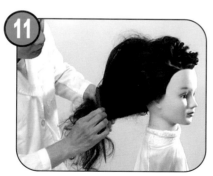

■ 右側梳亮並蓋住耳朵一半。

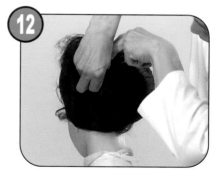

■ 將髮片梳至後正中做螺捲。

■ 先以鴨咀夾暫時固定螺捲。

■ 以髮夾由下往上固定螺捲。

■ 螺捲上部再以髮夾固定。

■ 取出螺捲之髮束以鴨咀夾暫時固定。

■ 髮束由小至大呈 S 型。

■ 髮尾以逆時針成圓圈並靠左邊。

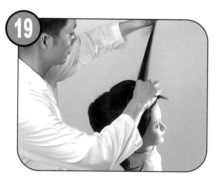

■ 第二區髮片逆梳。

■ 表面梳亮後往右拉固定。

■ 再將髮片分左、右二邊。

■ 左邊髮片在內部微做逆梳再梳成
　C型。

■ 髮尾以逆時針成一圓圈，大約放
　置螺捲口。

■ 右邊髮尾以順時針成圓圈置於右
　邊。

■ 正面角度約5～6公分先以吹風機吹挺。

■ 再以斜分線逆梳。

■ 梳亮後以鴨咀夾固定。

■ 再將髮片反折。

■ 髮尾以逆時針成圓圈固定於第二區之髮夾上。

■ 完成圖（正面）。

■ 完成圖（左側）。

■ 完成圖（右側）。

■ 完成圖（後面）。

■ 美髮技能─包頭梳理試題（二）

檢定時間：30分鐘

說　　明：

（一）髮筒在家捲好吹乾不可拆掉，等評審委員檢查後，始能開始操作。

（二）左側縱式波紋三層，後中心一個螺捲，右側大波紋延至後頂部。

（三）左耳稍蓋，右耳全蓋。

（四）前面頭髮逆梳，角度梳成約5～6公分高的平面波紋。

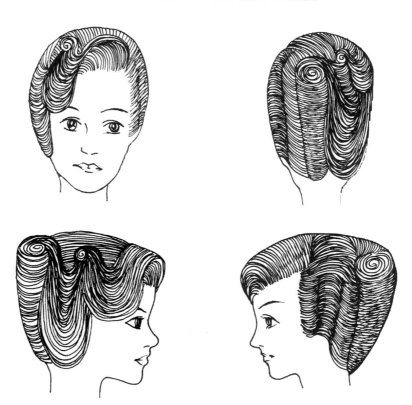

包頭梳理（二）

■操作步驟

■ 髮筒預先捲好吹乾。

■ 分出左側分線（7：3）。

■ 由左側分線至右眉峰處分半圓型
為第一區。

■ 第二區分至右耳後。

■ 由左側開始以垂直分線逆梳至後正中線。

■ 右側亦逆梳至後正中線。

■ 將左側頭髮表面梳亮。

■ 利用二把梳子上下拉出波峰，再以吹風機定型。

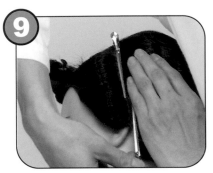

■ 將完成之三層波紋以鴨咀夾固定。

■ 將髮片梳往後並蓋住耳朵一半。

■ 以髮夾固定至黃金點。

■ 右側頭髮表面梳亮後再以正中做
　一螺捲。

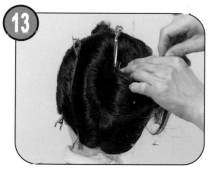

■ 以髮夾固定螺捲。

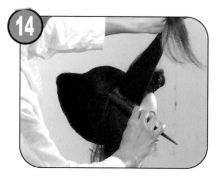

■ 第二區以水平分線微逆梳。

■ 將頭髮梳順、梳亮,利用梳齒將
　髮片壓住往下拉。

■ 拉至頸側點形成一大C型。

■ 1.耳朵須全部蓋住。
　2.由下往上以鴨咀夾暫時固定。

■ 將髮尾放置於螺捲口。

■ 完成圖。

■ 第一區髮片先以吹風機吹出角度
約5～6公分。

■ 以逆梳操作，並且將表面髮片梳
亮。

■ 拉出角度的高度與位置。

■ 以髮麗香固定，並以鴨咀夾暫時
固定。

■ 角度固定後，在眉毛處以鴨咀夾
暫時固定。

■ 將髮片梳順後，以梳齒壓住往上
拉。

■ 將髮尾以逆時針收成圓圈。

■完成圖（正面）。

■完成圖（左側）。

■完成圖（右側）。

■完成圖（後面）。

■ 美髮技能──包頭梳理試題（三）

檢定時間：30分鐘

說　　明：

（一）髮筒在家捲好吹乾不可拆掉，等評審委員檢查後，始能開始操作。

（二）不分線，全頭逆梳均勻，頂部與後腦部弧度適當，兩側不可太膨，耳朵蓋一半。

（三）頸背處，梳成四束花成髮髻，髮髻不要高於耳上水平線。

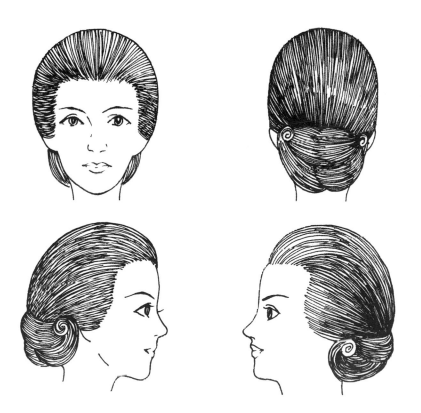

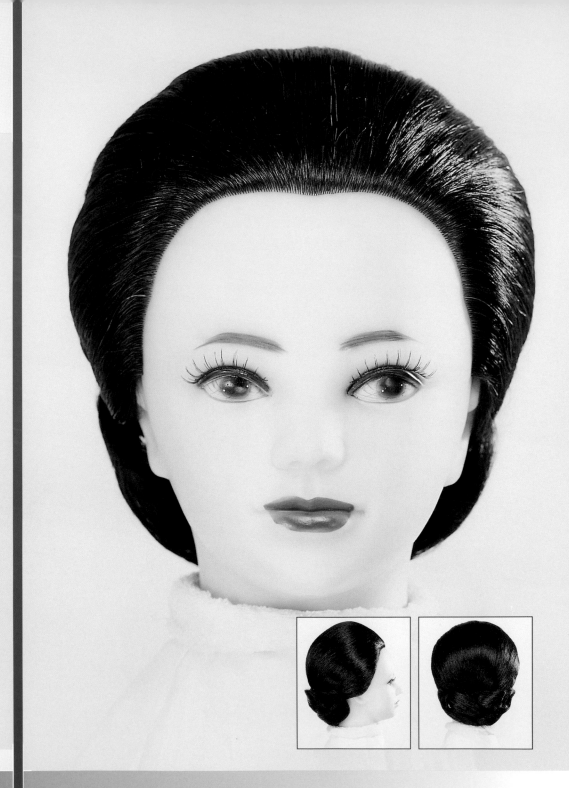

包頭梳理（三）

■操作步驟

■ 髮筒預先捲好吹乾。

■ 以吹風機將臉際髮片吹挺。

■ 將水平線以下髮片綁在頸部點。

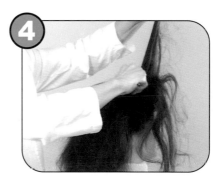

■ 由上向下逆梳。

■ 逆梳完成。

■ 將表面梳亮，並注意膨度。

■側部須蓋住耳朵一半。

■ 以鴨咀夾固定梳好的部分。

■ 髮夾先固定中間的頭髮。

■ 再固定二側的頭髮。

■ 將固定好之髮片以斜分線分成兩束。

■ 左上右下交叉。

■ 右邊髮束由上而下成空心捲，
　 注意，不可高過耳朵。

■ 先以鴨咀夾固定，以利調整，再
　 以髮夾固定。

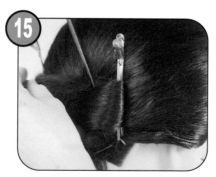

■ 將髮尾收入空心捲內。

■ 左邊相同操作方式。

■ 再將綁起之髮束分成兩束，左上右下交叉。

■ 將髮片梳高由下往上帶。

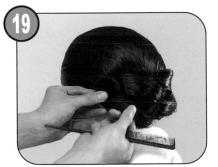

■ 將髮尾置於空心捲旁。

■ 完成圖（後面）。

包頭梳理（三）

■ 完成圖（側面）。

■ 完成圖（正面）。

■ 美髮技能─包頭梳理試題（四）

檢定時間：30分鐘

說　　明：

（一）髮筒在家捲好吹乾不可拆掉，等評審委員檢查後，始能開始操作。

（二）左側分線，左右側各二層波紋，左右耳各露一半。

（三）後頭部分左右，向中間捲入。

（四）頂部頭髮梳成 S 型波紋。

（五）前面頭髮逆梳，角度梳成約5～6公分高的平面波紋。

包頭梳理（四）

操作步驟

■ 髮筒預先捲好吹乾。

■ 左側3：7分線至右眉峰成半圓。

■ 再將半圓分成二區。

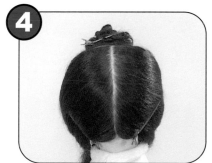

■ 後部分正中線成左右二區。

5

■ 將兩側髮片由前往後以垂直分線做逆梳。

6

■ 1.將左側表面髮片梳順。
　2.右側亦相同操作方式。

7

■ 左側以兩把梳子上下拉出波紋，再以吹風機加熱成型（注意波紋方向）。

8

■ 再以梳子梳亮，以鴨咀夾 暫時固定吹出之波紋，且蓋住耳朵一半。

■ 再將髮片梳順以螺捲方式操作。

■ 右側相同二層波紋,並向後梳成螺捲(注意波紋方向)。

■ 左右之螺捲須平均且對稱。

■ 再以小U型夾輕輕固定螺捲。

■ 頭頂第二區以逆梳方式操作。

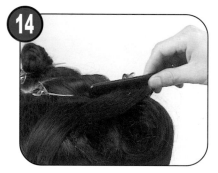

■ 梳亮後將髮片向右拉成S型。

■ 髮尾梳順放至左側之螺捲，且順著方向放置。

■ 前部以吹風機吹出高度約5～6公分。

■ 以斜向分線逆梳髮片。

■ 髮片梳順後，以鴨咀夾暫時固定角度。

■ 再將髮片梳順以梳子壓住，並將髮尾往上拉。

■ 將髮尾以順時針方向捲成小圓圈。

■ 完成圖（正面）。

■ 完成圖（左側面）。

■ 完成圖（右側面）。

■ 完成圖（後面）。

衛生技能實作試題

衛生技能實作試題─────────

下列實作試題共有三項,應檢人應全部做完,包括:

一、化粧品安全衛生之辨識(30%),測驗時間:4分鐘。

應檢人自行抽出一種化粧品外包裝題卡,再以現場抽中的該題卡書面作
答。作答完畢後,交由監評人員評定。

二、消毒液和消毒方法之辨識與操作(60%),測驗時間:12分鐘。

試場備有各種不同的美髮器材及消毒設備,由應檢人當場抽出一種器材
並進行下列程序:

(一)寫出所有適用之化學消毒方法(未全部答對不予給分)(10%)

(二)選擇一種符合該器材消毒之消毒液稀釋調配(30%)

(三)進行該項化學消毒操作(10%)

(四)寫出所有適用之物理消毒方法(未全部答對不予給分)(10%)

　　1. 若有適用之物理消毒法,則選擇一種適合該器材之物理消毒法
　　　,進行消毒操作。

　　2. 若無適用方法,則於試卷上答「無」。

註1. 消毒液稀釋調配部分,若未能填列正確之消毒液名稱,則其「消毒
　　液稀釋調配」及「化學消毒操作」部分,皆不給分。(即扣40%)

註2. 消毒液稀釋調配部分,如消毒液名稱填列正確,而原液及蒸餾水量
　　填列不正確,其「消毒液稀釋調配」部分,只給予5%,其餘項目
　　不予給分,且「化學消毒操作」部分亦不給分。(即扣35%)

註3. 物理消毒部分,選擇一種適合該器材之物理消毒法,進行消毒操作
　　,若選錯則不予給分。

註4. 物理消毒操作及化學消毒操作,若器材放錯消毒容器內,則該器材
　　之操作不計分,即物理消毒操作扣6分、化學消毒操作扣10分。

註5. 稀釋調配試劑若選錯則調配與消毒操作不予給分。

三、洗手與手部消毒操作（10%），測驗時間：4分鐘。

　　（一）由應檢人寫出在營業場所何時要洗手，並由應檢人以自己的雙手
　　　　　作實際洗手之操作。

　　（二）由應檢人寫出在營業場所何時要進行手部消毒及手部消毒試劑名
　　　　　稱及濃度，並由應檢人選用消毒試劑以自己的雙手作實際消毒之
　　　　　操作。

　　註 ： 未能正確寫出洗手與手部消毒時機以及選用適用消毒液者（即三
　　　　　項均要正確），則本全項以零分計算（即扣10分）。

化妝品安全衛生之辨識

■ 注意事項

一、應檢人必須依檢定場所抽出的化妝品外包裝代號籤（題卡編號）作為檢定的試題。

二、當檢定試題內容公佈後，應檢人即開始以書面作答。

三、取得書面試卷時必須先將個人姓名、檢定編號及組別填妥。

四、作答時以打勾方式填寫。

五、試題分為兩大題，但第一大題又細分為七小題，所以必須每題都填寫。

六、填寫完畢立刻交予監評人員。

衛生技能實作評分表

題卡編號		姓名		檢定編號	
				組　別	□A　□B　□C　□D

一、化妝品安全衛生之辨識測驗用卷（30%）（發給應檢人）

　　說明：應檢人自行抽出一種化妝品外包裝代號籤（題卡編號）再根據應檢人抽中之化妝
　　　　　品題卡填答下列內容，作答完畢後，交由監評人員評定。

　　測驗時間：4分鐘

一、本化妝品標示內容：

　　（一）中文品名：（3%）
　　　　　□有標示　　　　　□未標示

　　（二）1.□國產品：（3%）
　　　　　　　製造廠商名稱□有標示　　　　□未標示
　　　　　　　地　　　　址□有標示　　　　□未標示
　　　　　2.□輸入品：
　　　　　　　製造廠商名稱□有標示　　　　□未標示
　　　　　　　地　　　　址□有標示　　　　□未標示

　　（三）出廠日期或批號：（3%）
　　　　　□有標示　　　　　□未標示

　　（四）保存期限：（3%）
　　　　　□有標示　　　　　□未標示
　　　　　□已過期　　　　　□未過期

　　（五）用途：（3%）
　　　　　□有標示　　　　　□未標示

　　（六）許可字號（或備查字號）：（3%）
　　　　　□有標示　　　　　□未標示

　　（七）重量或容量：（3%）
　　　　　□有標示　　　　　□未標示

二、本化妝品之標示是否合格（依上述七項判定）：（9%）
　　□合　格　　　　　□不合格

監評人員簽章：		得分：

承辦單位電腦計分員簽章：

■ 範例（一）

真　愛　冷　燙　液

　　含豐富角蛋白質能確實燙出頭髮密實而有彈性的捲度卻不會傷害髮質，低鹼含氨水配方使燙後捲度持久有光澤並且絕不會殘留不宜的氣味。

■主成份：

　第一劑 Thioglycolic Acid 6.5%　　容量：第一劑　110ml

　第二劑 Sodium Bromate 7.5%　　　　　第二劑　110ml

■用途：燙髮

■用法：

　1. 將頭髮洗淨擦乾。

　2. 選適當之髮捲，上捲。

　3. 將第一劑均勻塗佈於每一捲，停留時間約10～15分後沖水。

　4. 將第二劑塗佈於每一捲，停留約 12分後拆捲，以洗髮精洗淨後用柔酸護理素修護。

■注意事項：1. 燙髮前先做試驗，如有頭皮過敏異樣或抓傷請勿使用。

　　　　　　2. 燙髮時倘若弄溼圍巾，請即時更換。

　　　　　　3. 若不慎濺及眼睛請直接以大量清水沖洗後送醫處理。

　　　　　　4. 限用於頭髮，不得作其他用途。

　　　　　　5. 使用過程中若有過敏刺激等異常現象，請即停止使用。

　　　　　　6. 頭髮、臉部、頰部等地方有腫痛、傷口或皮膚病時請勿使用。

　　　　　　7. 本品限外用應置於孩童伸手不及處。

　　　　　　8. 請勿使用金屬類燙髮器。

■許可證字號：衛署妝製第002094號　　　　　　■保存期限：二年。

■保存方法：避免日光直射，置於陰涼處。

■總代理：華田股份有限公司。　　　　　　■製造日期、批號：標示於盒底。

■地址：台中市大進街61號。

題卡編號	5	姓名	林柏均	檢定編號	25
				組　別	□A ☑B □C □D

一、化妝品安全衛生之辨識測驗用卷（30％）（發給應檢人）

　　說明：應檢人自行抽出一種化妝品外包裝代號籤（題卡編號）再根據應檢人抽中之化妝

　　　　　品題卡填答下列內容，作答完畢後，交由監評人員評定。

　　測驗時間：4分鐘

一、本化妝品標示內容：

　　（一）中文品名：（3％）

　　　　　☑有標示　　　　　□未標示

　　（二）1.☑國產品：（3％）

　　　　　　製造廠商名稱☑有標示　　　　□未標示

　　　　　　地　　　　　址☑有標示　　　　□未標示

　　　　　2.□輸入品：

　　　　　　製造廠商名稱□有標示　　　　□未標示

　　　　　　地　　　　　址□有標示　　　　□未標示

　　（三）出廠日期或批號：（3％）

　　　　　☑有標示　　　　　□未標示

　　（四）保存期限：（3％）

　　　　　☑有標示　　　　　□未標示

　　　　　□己過期　　　　　☑未過期

　　（五）用途：（3％）

　　　　　☑有標示　　　　　□未標示

　　（六）許可字號（或備查字號）：（3％）

　　　　　☑有標示　　　　　□未標示

　　（七）重量或容量：（3％）

　　　　　☑有標示　　　　　□未標示

二、本化妝品之標示是否合格（依上述七項判定）：（9％）

　　　☑合　格　　　　　□不合格

監評人員簽章：		得分：

承辦單位電腦計分員簽章：

■ 範例（二）

水 脂 膜 修 護 霜

■產品特性：快速改善乾燥、受損缺乏彈性的頭髮，修補水脂膜。不黏膩，易沖淨。

■使用方法：

　1. 取適量於手心搓揉，均勻抹於受損髮絲或全髮（瞬間護髮，不需沖水）。

　2. 吹風造型前、後均適用。

■製造日期、批號：見瓶底。

■保存期限：三年。

■主要成份：水解矽聚合物，抗紫外線因子。

■進口商：開宇股份有限公司。

題卡編號	10	姓名	林柏均	檢定編號	25
				組　　別	□A　☑B　□C　□D

一、化妝品安全衛生之辨識測驗用卷（30%）（發給應檢人）

　　說明：應檢人自行抽出一種化妝品外包裝代號籤（題卡編號）再根據應檢人抽中之化妝
　　　　　品題卡填答下列內容，作答完畢後，交由監評人員評定。

　　測驗時間：4分鐘

一、本化妝品標示內容：

　　（一）中文品名：（3%）
　　　　　☑有標示　　　　　　□未標示

　　（二）1.□國產品：（3%）
　　　　　　製造廠商名稱□有標示　　　□未標示
　　　　　　地　　　　址□有標示　　　□未標示
　　　　　2.☑輸入品：
　　　　　　製造廠商名稱☑有標示　　　□未標示
　　　　　　地　　　　址□有標示　　　☑未標示

　　（三）出廠日期或批號：（3%）
　　　　　☑有標示　　　　　　□未標示

　　（四）保存期限：（3%）
　　　　　☑有標示　　　　　　□未標示
　　　　　□已過期　　　　　　□未過期

　　（五）用途：（3%）
　　　　　☑有標示　　　　　　□未標示

　　（六）許可字號（或備查字號）：（3%）
　　　　　□有標示　　　　　　☑未標示

　　（七）重量或容量：（3%）
　　　　　□有標示　　　　　　☑未標示

二、本化妝品之標示是否合格（依上述七項判定）：（9%）
　　□合　格　　　　　☑不合格

監評人員簽章：		得分：

承辦單位電腦計分員簽章：

消毒液和消毒方法
之辨識與操作

化學消毒方法辨識和操作方法

一 化學消毒液之稀釋比例表

化學消毒劑之種類	原液及蒸餾水	稀 釋 後 之 消 毒 液 量						
		100 cc	120 cc	140 cc	150 cc	160 cc	180 cc	200 cc
0.5%陽性肥皂 （一）苯基氯卡銨溶液 稀釋法	(1) 10%苯基氯卡銨溶液稀釋法	5 cc	6 cc	7 cc	7.5 cc	8 cc	9 cc	10 cc
	(2) 蒸餾水	95 cc	114 cc	133 cc	142.5 cc	152 cc	171 cc	190 cc
（二）6%煤餾油酚肥皂液稀釋法　1	(1) 25%甲苯酚原液	12 cc	14.4 cc	16.8 cc	18 cc	19.2 cc	21.6 cc	24 cc
	(2) 蒸餾水	88 cc	105.6 cc	123.2 cc	132 cc	140.8 cc	158.4 cc	176 cc
2	(1) 50%甲苯酚原液	6 cc	7.2 cc	8.4 cc	9 cc	9.6 cc	10.8 cc	12 cc
	(2) 蒸餾水	94 cc	112.8 cc	131.6 cc	141 cc	150.4 cc	169.2 cc	188 cc
（三）75%酒精稀釋法	(1) 95%酒精	79 cc	94.8 cc	110.6 cc	118.5 cc	126.4 cc	142.2 cc	158 cc
	(2) 蒸餾水	21 cc	25.2 cc	29.4 cc	31.5 cc	33.6 cc	37.8 cc	42 cc
（四）200ppm氯液	(1) 10%漂白水	500cc			1000cc			
		1cc			2cc			
	(2) 蒸餾水	499cc			998cc			

■ 計算方法

公式
使用消毒液種類÷原液濃度×所需總量＝原液量
所需總量－原液量＝蒸餾水量

範例
範例一：0.5%陽忄生肥皂苯基氯卡銨溶液需要總量160c.c.
　　　　0.5÷10×160＝8c.c.（原液）
　　　　160－8＝152c.c.（蒸餾水）

範例二：6%煤餾油酚肥皂液需要總量100c.c.
　　　　3÷25×100＝12c.c.（原液）
　　　　100－12＝88c.c.（蒸餾水）

範例三：75%酒精需要總量200c.c.
　　　　75÷95×200＝158c.c.（原液）
　　　　200－158＝42c.c.（蒸餾水）

範例四：200ppm氯液需要總量500c.c.
　　　　0.0002÷0.1×500＝1c.c.（原液）
　　　　500－1＝499c.c.（蒸餾水）

註：1PPM＝1/1,000,000　200PPM＝200/1,000,000＝0.0002PPM

消毒液稀釋調配操作評分表（1）（15%）（發給監評人員）

檢定項目	檢定單位		編號										
			姓名										
	評分內容		配分										
化學消毒液之稀釋	操作：												
	（1）選擇正確試劑	2											
	（2）打開瓶蓋後瓶蓋口朝上	1											
	（3）量取時量筒之選用適當	2											
	（4）倒藥時標籤朝上	1											
	（5）量取時或量取後檢視體積，視線與刻度平行	3											
	（6）多取藥劑不倒回藥瓶，每樣藥劑取完立刻加蓋	1											
	（7）所量取之原液及蒸餾水之個別體積正確	4											
	（8）最後以玻璃棒攪拌混合	1											
	合　　計	15											
	備　　註												

監評人員簽章：　　　　　　　　　　　　　　　　　　年　　　月　　　日

承辦單位電腦計分員簽章：

消毒方法操作評分表（2）（10％）（發給監評人員）

檢定項目			評分內容				編號 姓名 配分						
	消毒法 器材		化學消毒法										
			氯液消毒法	陽性肥皂液	酒精消毒法	煤餾油酚肥皂液							
化學消毒法	器材與合適消毒法	金屬類 剃刀			○	○	3						
		剪刀			○	○							
		剪髮機			○	○							
		梳子			○	○							
		髮夾			○	○							
		塑膠類 髮捲	○	○	○	○							
		梳子	○	○	○	○							
	玻璃杯		○										
	長毛刷子												
化學消毒液之稀釋	乾毛巾			○									
	濕毛巾												
	前處理		清洗乾淨	清洗乾淨	清潔	清潔	1						
	操作要領		完全浸泡	完全浸泡	金屬類用擦拭（或完全浸泡）塑膠及其它用完全浸泡	完全浸泡	2						
	消毒條件		餘氯量200ppm 2分鐘以上	含0.5%陽性肥皂液20分鐘以上	75%酒精擦拭數次10分鐘以上	含6%煤餾油酚肥皂液10分鐘以上	3						
	後處理		1.用水清洗 2.瀝乾或烘乾 3.置乾淨櫥櫃	1.用水清洗 2.瀝乾或烘乾 3.置乾淨櫥櫃	1.用水清洗（塑膠類） 2.瀝乾或烘乾 3.置乾淨櫥櫃	1.用水清洗 2.瀝乾或烘乾 3.置乾淨櫥櫃	1						
	合計						10						
	備註												

監評人員簽章：　　　　　　　　　　　　　　　　　　　　年　　月　　日

承辦單位電腦計分員簽章：

消毒方法操作評分表（3）（6％）（發給監評人員）

檢定項目	評分內容					編號								
						姓名								
	消毒法	物理消毒法			配分									
	器材	煮沸消毒法	蒸氣消毒法	紫外線消毒法										
消毒方法之辨識與操作	器材與合適消毒法	金屬類	剃刀	○		○	2								
			剪刀	○		○									
			剪髮機	○		○									
			梳子	○		○									
			髮夾	○		○									
		塑膠類	梳子												
			髮捲												
		玻璃杯		○											
		長毛刷子				○									
		乾毛巾		○											
		濕毛巾			○										
	前處理		清洗乾淨	清洗乾淨	清潔	0.5									
	操作要領		1.完全浸泡 2.水量一次加足	1.摺成弓字型直立置入 2.切勿擁擠	1.器材不可重疊 2.刀剪類打開折開	1									
	消毒條件		1.水溫100℃以上 2.5分鐘以上	1.蒸氣箱中心溫度達80℃以上 2.10分鐘以上	1.光度強度85微瓦特／平方公分以上 2.20分鐘以上	2									
	後處理		1.瀝乾或烘乾 2.置乾淨櫥櫃	暫存蒸氣消毒箱	暫存紫外線消毒箱	0.5									
	合計					6									
	備註														

監評人員簽章：

承辦單位電腦計分員簽章：

年　　　月　　　日

■ 注意事項

一、此項測驗包含化學及物理消毒，應檢人員除了先作書面作答外，同時也需實際進行消毒液稀釋調配及器材消毒之操作。

二、在書面上寫出所有可適用之化學消毒方法有哪些？係指必須將所有適用該器材之化學消毒方法全部填寫，若有一項可適用的化學消毒方法未填寫，則該項不予計分。

三、在書面上寫出所有可適用之物理消毒方法有哪些？係指必須將所有適用該器材之物理消毒方法全部填寫，若有一項可適用的物理消毒方法未填寫，則該項不予計分。

四、當應檢人員抽出的器材並無適用的物理消毒方法，則直接在試卷上勾選「無」即可。

衛生技能實作評分表

器材抽選		姓名		檢定編號	

（二）消毒液和消毒方法之辨識與操作測驗用卷（發給應檢人）（60%）

　　說明：試場備有各種不同的美髮器材及消毒設備，由應檢人當場抽出一種器材
　　　　　並進行下列程序（若無適用之化學或物理消毒法，則不需進行該項之實
　　　　　際操作）：

　　測驗時間：12分鐘

（一）化學消毒：（50%）

　　1.寫出所有適用化學消毒方法有哪些？

　　　　□無　　　　　　　　（50%）

　　　　□有　　答：＿＿＿＿＿＿＿＿＿＿＿＿＿＿＿（10%）

　　2.選擇一種符合該器材消毒之消毒液稀釋調配

　　　　(1) 消毒液名稱：＿＿＿＿＿＿＿＿＿＿＿＿＿＿（5%）

　　　　　　稀釋量：＿＿＿＿＿＿＿＿＿C.C.（應檢人根據抽籤結果填寫）

　　　　(2) 稀釋消毒液濃度：＿＿＿＿＿＿＿＿＿（5%）

　　　　　　原液量：＿＿＿＿＿C.C.（3%）　蒸餾水量：＿＿＿＿＿C.C.（2%）

　　3.消毒液稀釋調配操作（由監評人員評分，配合評分表一）（15%）

　　　　進行該項化學消毒操作（由監評人員評分，配合評分表二）（10%）

（二）物理消毒：（10%）

　　1.寫出所有適用之物理消毒方法

　　　　□無　　　　　　　　（10%）

　　　　□有　　答：＿＿＿＿＿＿＿＿＿＿＿＿＿＿＿（4%）

　　2.選擇一種適合該器材之消毒方法進行消毒操作（由監評人員評分，配合評分
　　　表三）（6%）

監評人員簽章：	得分：

承辦單位計分員簽章：

■ 範例

器材抽選	金屬（剪刀）	姓名	林柏均	檢定編號	25

（二）消毒液和消毒方法之辨識與操作測驗用卷（發給應檢人）（60%）

　　說明：試場備有各種不同的美髮器材及消毒設備，由應檢人當場抽出一種器材

　　　　　並進行下列程序（若無適用之化學或物理消毒法，則不需進行該項之實

　　　　　際操作）：

　　測驗時間：12分鐘

（一）化學消毒：（50%）

　　1.寫出所有適用化學消毒方法有哪些？

　　□無　　　　　　　　　　（50%）

　　☑有　　答：酒精消毒法、煤酚油酚消毒法（10%）

　　2.選擇一種符合該器材消毒之消毒液稀釋調配

　　　（1）消毒液名稱：酒精＿＿＿＿＿＿＿＿＿＿＿（5%）

　　　　稀釋量：200＿＿＿＿＿＿C.C.（應檢人根據抽籤結果填寫）

　　　（2）稀釋消毒液濃度：75%＿＿＿＿＿＿（5%）

　　　　原液量：158＿＿C.C.（3%）　蒸餾水量：42＿＿＿＿C.C.（2%）

　　3.消毒液稀釋調配操作（由監評人員評分，配合評分表一）（15%）

　　　進行該項化學消毒操作（由監評人員評分，配合評分表二）（10%）

（二）物理消毒：（10%）

　　1.寫出所有適用之物理消毒方法

　　□無　　　　　　　　　　（10%）

　　☑有　　答：煮沸消毒法、紫外線消毒法（4%）

　　2.選擇一種適合該器材之消毒方法進行消毒操作（由監評人員評分，配合評分
　　　表三）（6%）

監評人員簽章：	得分：

承辦單位計分員簽章：

化學消毒方法辨識和操作方法

操作步驟

■ 1.應考人由籤筒中抽選一
　　種器材與化學消毒法稀
　　釋量。
　 2.書寫操作測驗用卷之內
　　容。

■ 1.先量原液。
　 2.選擇正確之消毒液與量
　　筒。

■ 1.消毒液打開後,瓶口朝
　　上。
　 2.倒藥劑時,標籤朝上。
　 3.量筒若太小,可使用漏
　　斗。

■ 1.消毒液取完後立刻加蓋
　　,並放回原處。
　 2.檢視消毒液之體積。
　 3.量筒之刻度與視線成平
　　行。

■ 1.如多取藥劑，以滴管吸出
　倒入垃圾筒（不可倒回藥
　瓶）。

■ 1.再拿量筒倒取蒸餾水。
　2.步驟與消毒液相同。

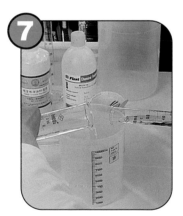

■ 1.消毒液與蒸餾水量取無
　誤後，一起倒入量杯中。

■ 1.玻璃棒攪拌混合，再交予評審檢查。
　2.消毒液稀釋完成後，以該器材做消毒
　　方法操作。
　3.消毒方法的動作均相同，差異只是在
　　口述的內容不同，下列以75％酒精消
　　毒法為例。

⑨

⑩

※如有適合該器材之物理消毒方法
，需再進行消毒操作（若無適用
方法則答無）

■ 口述
　1.前處理：清潔
　　動作：前處理口述完成將
　　器材放入消毒容器。
■ 口述
　2.操作要領：金屬類用擦拭
　　，塑膠類或其它用完全浸
　　泡。
　3.消毒條件：擦拭數次75%
　　酒精10分鐘以上。
　4.後處理：瀝乾放置乾淨櫥
　　櫃。
　　口述完畢後，將器材夾起
　　放回原處。
■ 其他消毒方法，口述內容不
　同，動作均相同。

物理消毒方法辨識和操作方法

■蒸氣消毒法

■紫外線消毒法

■煮沸消毒法

蒸氣消毒法操作步驟

■蒸氣消毒法。

■1.正確的器材（毛巾）。
  2.以夾子夾起毛巾並加以
    口述：
    a.前處理：清洗乾淨。
    b.操作要領：摺成弓字
      型，直立置入，切勿
      擁擠。
■動作：做折毛巾之動作並
        放入蒸氣消毒箱內
        。

■c.消毒條件：蒸氣箱中心
    溫度達80度以上放置10
    分鐘以上。
  d.後處理：暫存蒸氣消毒
    箱。
■口述完畢後，將器材夾起
  放回原處。

煮沸消毒法操作步驟

■煮沸消毒法。

■1.正確的器材：金屬類（
    剃刀、剪刀、梳子、剪
    髮器、髮夾）、玻璃杯
    、毛巾類。

2.以夾子夾起器材並口述：
  a.前處理：清洗乾淨。
  b.操作要領：完全浸泡，
    水量一次加足。
  c.消毒條件：水溫100度
    以上5分鐘以上。
  d.後處理：瀝乾或烘乾，
    置於乾淨櫥櫃。

紫外線消毒法操作步驟

■紫外線消毒法。

■1.選擇正確的器材：金屬類（剃刀、剪刀、梳子、剪髮器、髮夾）、長毛刷子。
　2.以夾子夾起器材並口述：
　　a.前處理：清潔。
　　b.操作要領：器材不可重疊，刀剪類打開或拆開。
　　c.消毒條件：光度強度85微瓦特／平方公分以上20分鐘以上。
　　d.後處理：暫存紫外線消毒箱。

洗手與手部消毒操作

洗手與手部消毒操作

洗手與手部消毒操作評分表（發給監評人員）

說明：以自己的雙手進行洗手或手部消毒之實際操作

時間：2分鐘

檢定日期	年　月　日	編　號								
評分內容		配分	姓名							
1.進行洗手操作：										
⑴沖手		1								
⑵塗抹清潔劑並搓手		1								
⑶清潔劑刷洗水龍頭		1								
⑷沖水（手部及水龍頭）		1								
2.以自己的手做消毒操作		1								
合　　　　　計		5								
備　　　　　註										

監評人員簽章：　　　　　　　　　承辦單位電腦計分員簽章：

■ 注意事項

一、本測驗包括洗手與手部消毒，應檢人必須先做書面作答，再實際進行洗手與手部消毒之操作。

二、應檢人再填寫洗手、手部消毒原因及選擇適用的手部消毒液時，若有一項填寫不正確或未能完整時，則該項不計分。

三、在營業場所中洗手的時機至少須寫三項。

四、現場共有75％酒精、200PPM氯液、0.1％陽性肥皂液、6％煤餾油配肥皂液共四種消毒液，其中以75％酒精及0.1％陽性肥皂液最適宜作手部消毒。

五、若選用75％酒精消毒，則消毒後不必須再用清水沖洗。

六、若選用0.1％陽性肥皂液進行手部消毒後必須再用清水沖洗。

附記：

一、不同的洗手方式與效果？

　　1. 用水盆洗手，約有36％的細菌存在。

　　2. 用水沖洗手，約有12％的細菌存在。

　　3. 用水沖→肥皂→水沖，則所有細菌都洗淨。

二、什麼時候應該洗手？

　　1. 手髒的時候。

　　2. 修剪指甲後。

　　3. 清潔打掃後。

　　4. 清洗飲食器具或調理食物前。

　　5. 咳嗽、打噴嚏、擤鼻涕、吐痰及大小便後。

　　6. 工作前、後或吃東西前。

　　7. 休息20至30分鐘後。

三、在營業場所，手部何時應作消毒？

　　1. 工作前、後。

　　2. 洗完手後。

　　3. 發現客人有皮膚病的時候。

洗手與手部消毒

姓　名		檢定編號	

（三）洗手與手部消毒操作測驗用卷（發給應檢人）（10%）

　　　說明：由應檢人寫出在營業場所何時應洗手？何時應作手部消毒？並寫出所選用的消毒

　　　　　　試劑名稱及濃度進行洗手操作並選用消毒試劑進行消毒。

　　　測驗時間：4分鐘（書面作答，洗手及消毒操作）

一、請寫出在營業場所中洗手的時機為何？（至少三項，寫錯一項，本題不給分）（2%）

　　　答：1.＿＿＿＿＿＿＿＿＿＿＿＿＿＿＿＿＿＿＿＿＿。

　　　　　2.＿＿＿＿＿＿＿＿＿＿＿＿＿＿＿＿＿＿＿＿＿。

　　　　　3.＿＿＿＿＿＿＿＿＿＿＿＿＿＿＿＿＿＿＿＿＿。

二、進行洗手操作（4%）

　　　（本項為實際操作）

三、請寫出在營業場所手部何時做消毒？（述明一項即可）（1%）

　　　答：＿＿＿＿＿＿＿＿＿＿＿＿＿＿＿＿＿＿＿＿＿。

四、選擇一種正確手部消毒試劑，並寫出試劑名稱及濃度。（2%）

　　　答：＿＿＿＿＿＿＿＿＿＿＿＿＿＿＿＿＿＿＿＿＿。

五、進行手部消毒操作（1%）

　　　（本項為實際操作）

監評人員簽章：	得分：

承辦單位計分員簽章：

■ 範例

姓 名	林柏均	檢定編號	25

（三）洗手與手部消毒操作測驗用卷（發給應檢人）（10%）

　　說明：由應檢人寫出在營業場所何時應洗手？何時應作手部消毒？並寫出所選用的消毒
試劑名稱及濃度進行洗手操作並選用消毒試劑進行消毒。

　　測驗時間：4分鐘（書面作答，洗手及消毒操作）

一、請寫出在營業場所中洗手的時機為何？（至少三項，寫錯一項，本題不給分）（2%）

　　答：1. 手髒的時候　　　　　　　　　　　　　　　　　　　　　　。

　　　　2. 工作前、後或吃東西前　　　　　　　　　　　　　　　　。

　　　　3. 修剪指甲及清潔打掃後　　　　　　　　　　　　　　　　。

二、進行洗手操作（4%）

　　（本項為實際操作）

三、請寫出在營業場所手部何時做消毒？（述明一項即可）（1%）

　　答：洗完手後　　　　　　　　　　　　　　　　　　　　　　　。

四、選擇一種正確手部消毒試劑，並寫出試劑名稱及濃度。（2%）

　　答：75%酒精　　　　　　　　　　　　　　　　　　　　　　　。

五、進行手部消毒操作（1%）

　　（本項為實際操作）

監評人員簽章：	得分：

承辦單位計分員簽章：

洗　　手

操作步驟

■ 打開水龍頭，先將雙手在水龍頭底下淋濕，然後關上水龍頭。

■ 雙手塗抹肥皂或沐浴乳，若選用肥皂時，塗抹肥皂後需將肥皂用水沖洗乾淨後才可放回原位。

■ 1.兩手手指、手心互相摩擦。
　 2.雙手輪流從手指至手背搓揉。

■ 雙手互扣做拉手狀，以清洗指甲縫。

■ 搓手背、手指頭

■ 用刷子刷洗雙手指甲縫。

■ 放下刷子，打開水龍頭讓水沖洗
　 刷子，並將刷子歸回原位。

■ 1.沖洗雙手的手掌及手背。
　 2.雙手互扣做拉手狀，沖洗雙手指
　　 甲縫。

9

■沖洗水龍頭（至少3次）。

10

■1.雙手捧手沖洗水槽四周。
　2.關緊水龍頭。

11

■用乾淨的紙巾或毛巾將手部擦乾
　，亦可用烘手器烘乾手部。

手 部 消 毒

一 選用75％酒精

■ 用洗淨的手將消毒藥劑瓶蓋打開，瓶蓋口應朝上，用鑷子夾出棉求。

■ 1.用大鑷子夾取數顆已浸泡的酒精棉球放在另一手掌心內及手指等處。
2.鑷子歸回原處，並將酒精瓶蓋蓋好。

■ 1.用已取得的酒精棉球輪流擦拭雙手的手掌心、手背及手指等處。
■ 2.將用過的酒精棉球丟棄至垃圾桶內。

■ 用乾淨的紙巾將手部多餘的酒精量擦乾，亦可讓其自行揮發至乾。

選用0.5%陽性肥皂苯基氯卡銨溶劑

■ 用乾淨的手將苯基氯卡銨瓶蓋打開，
　瓶蓋口應朝上。

■ 1.用大鑷子夾數顆已浸泡的苯基氯卡
　　銨棉球放至另一手掌內。
　2.鑷子歸回原處，並將苯基氯卡銨瓶
　　蓋蓋好。

■ 1.用已取得的苯基氯卡銨棉球輪流擦
　　拭雙手的手掌心、手背。
　2.將用過的苯基氯卡銨的棉球丟棄至
　　垃圾桶內。

■ 雙手需用大量的清水或蒸餾水沖洗過。

手 部 消 毒

■ 用乾淨的紙巾將手部多餘的水份擦乾。

女子美髮乙級術科證照考試指南

編　　著／黃振生

出 版 者／揚智文化事業股份有限公司

發 行 人／葉忠賢

責任編輯／賴筱彌

執行編輯／范維君

登 記 證／局版北市業字第1117號

地　　址／台北市新生南路三段88號5樓之6

電　　話／886-2-23660309　886-2-23660313

傳　　眞／886-2-23660310

印　　刷／鼎易印刷事業有限公司

法律顧問／北辰著作權事務所　蕭雄淋律師

初版一刷／2000年11月

ＩＳＢＮ／957-818-203-1

定　　價／新台幣1200元

郵政劃撥／14534976

帳　　戶／揚智文化事業股份有限公司

E-mail／tn605547@ms6.tisnet.net.tw

網　　址／http://www.ycrc.com.tw

國家圖書館出版品預行編目資料

女子美髮乙級術科證照考試指南／黃振生編著. — 初版.
 — 台北市：揚智文化，2000〔民89〕
　　　　面；　公分
　　　　　ISBN　957-818-203-1（平裝）
　　1. 理髮 – 手□，便覽等　2. 理髮業 – 考試指南
　424.5026　　　　　　　　　　　　　　　89014101

訂購辦法：

＊.請向全省各大書局選購。

＊.可利用郵政劃撥、現金袋、匯票訂講：

　郵政帳號：14534976

　戶名：揚智文化事業股份有限公司

　地址：台北市新生南路三段88號5樓之六

＊.大批採購者請電洽本公司業務部：

　TEL：02-23660309

　FAX：02-23660310

＊.可利用網路資詢服務：http://www.ycrc.com.tw

＊.郵購圖書服務：

　.請將書名、著者、數量及郵購者姓名、住址，詳細正楷書寫，以免誤寄。

　.依書的定價銷售，每次訂購（不論本數）另加掛號郵資NT.60元整。

女子美髮乙級術科證照考試業已行之多年，
許多考生在報考時除了購買參考書籍以作爲教材外，
心裡總覺不夠踏實，
揚智文化事業爲因應諸多讀者的反應、
與無論是教師或專業美髮人士爲求得更進一步的技能，
特針對本書之內容製作含剪燙成型、
染髮、整髮、包頭梳理等試題之精美錄影帶，
內容詳盡、動作仔細，
充分提供應試者與教學者之所需。

女子美髮乙級術科證照考試指南錄影帶

黃 振 生　　示 範 操 作

含剪燙成型、染髮、整髮、包頭梳理試題，步驟詳細，可充分明析應注意及避免的考試事項。

揚智文化事業股份有限公司　出版發行